Voruntersuchung und Berechnung der Grund- wasserfassungsanlagen

von

Dr. J. Versluys, m. i.

**Direktor des städtischen Wasserwerks in Surabaja,
vorm. Hydrologen des Reichsamtes für Trinkwasserversorgung
im Haag und Privatdozenten der Hydrologie an der Technischen
Hochschule in Delft**

Mit 3 Textabbildungen

München und Berlin 1921
Druck und Verlag von R. Oldenbourg

Vorwort.

Der Verfasser war von Anfang 1915 bis Ende 1919 mit der Leitung der hydrologischen Untersuchungen und Berechnungen beauftragt, welche das Reichsamt für Trinkwasserversorgung in Holland ausführte. Die dabei angewandten Verfahren sind in verschiedenen in holländischer Sprache erschienenen Berichten dargelegt worden. Jetzt steht der Verfasser im Begriff, auf längere Zeit nach Ostindien abzureisen, und es will ihm erwünscht erscheinen, seine Grundsätze in einer kleinen Schrift niederzulegen.

Die gegebenen Grundsätze sind direkt auf die Probleme anwendbar, welche der Hydrolog zu behandeln hat. Die Schemata für die am häufigsten vorkommenden Berechnungen sind angegeben.

Durch die Einführung der Begrenzungsoberfläche mit ihren Eigenschaften und die Anwendung der übrigens nur allgemeinen Gestalt der Funktion, welche die Steighöhe des Grundwassers in jedem Punkt bezeichnet, weicht der Verfasser von allen Betrachtungen anderer Hydrologen ab.

Während der fünf Jahre, da der Verfasser als Hydrolog des Reichsamtes für Trinkwasserversorgung im Haag tätig war, ließ der damalige Direktor, Herr J. van Oldenborgh, ihm freie Hand, seine Ideen auf hydrologischem Gebiet ganz nach eigener Einsicht auszuarbeiten und anzuwenden. Hierfür Herrn van Oldenborgh meinen verbindlichsten Dank.

Haag, im Januar 1920.

Der Verfasser.

Inhalt.

Kapitel I.

Allgemeines.

§ 1. Die Zustände des Grundwassers.

Unter Grundwasser verstehe ich all das Wasser, das sich in flüssigem Zustande im Boden befindet.

Darin unterscheide ich das Grundwasser, das die Poren völlig ausfüllt, und das Grundwasser, das die Poren nur teilweise ausfüllt.

In dem Grundwasser, das die Poren gänzlich ausfüllt, läßt sich keine Verteilung in weitere Zustände machen.

Wohl kann man darin die kapilläre, die phreatische und die tiefere Zone unterscheiden. Erstgenannte werden voneinander getrennt durch die »phreatische Oberfläche«, worüber Näheres in § 3.

Die kapilläre Zone liegt über der phreatischen Oberfläche und ihre obere Grenze ist ein Oberfläche, welche die kapilläre Oberfläche genannt wird.

Über dieser Oberfläche befindet sich das Grundwasser, das die Poren nicht ganz füllt. Darin gibt es zwei Zustände, die ich die funikuläre und die penduläre nenne, welche wieder entsprechende Zonen bilden.

Das penduläre Wasser besteht aus kleinen Körpern mit hohlen Flüssigkeitsspiegeln, welche um die Berührungspunkte der Bodenkörner herum liegen.

Wenn der pendulären Zone noch Wasser zugeführt wird, dehnen sich die kleinen Körper aus und tritt schließlich ein Zustand ein, worin sie sich berühren.

Dann ist der funikuläre Zustand eingetreten.

Die funikuläre Zone liegt unter der pendulären und über der kapillären.

In allen Zonen außer der pendulären kann sich das Grundwasser fortbewegen. In der pendulären kann nur Bewegung statt-

2*

finden, wenn diese zeitweise durch Zufuhr z. B. von Niederschlagwasser in eine funikuläre oder kapilläre übergegangen ist. Weiter
ist in der pendulären Zone noch Wasserbewegung möglich in der
Dampfform, durch Kondensation an den stärker gebogenen
(hohlen) Flüssigkeitsspiegeln und Verdunstung der weniger stark
gebogenen Spiegel.

§ 2. Die Potentiale oder Steighöhe und der hydrostatische Druck des Grundwassers.

Das Grundwasser, das die Poren völlig ausfüllt, hat in jedem
Punkt einen hydrostatischen Druck, der größer oder kleiner als
der atmosphärische sein kann.

Im ersten Fall wird der Druck des Grundwassers in dem betreffenden Punkt im Gleichgewicht stehen können mit einer
Wassersäule in einem offenen Rohr, das sich bis über diesen Punkt
erhebt, im letzten Fall mit einer Säule, deren Oberfläche tiefer
als dieser Punkt liegt.

Die Höhe der freien Oberfläche der Wassersäule, die mit dem
hydrostatischen Druck im Gleichgewicht ist, gemessen in bezug
auf eine beliebige horizontale Ursprungsfläche, ist die Steighöhe
oder hydrostatische Potentiale des Grundwassers in dem betreffenden Punkt.

Die Potentiale ist im allgemeinen nicht in allen Punkten
dieselbe. Folglich ist also die Potentiale eine Funktion der Koordinaten des Punktes. Die Funktion wird in der Regel durch p bezeichnet werden.

Es kann jedes beliebige Koordinatensystem gewählt werden;
im nachstehenden werden immer gegenseitig rechtwinkelige,
geradlinige Koordinaten verwendet werden, welche durch x, y
und z dargestellt werden, deren Achsen einen beliebigen Stand im
Raum einnehmen können. Dann ist also die Potentiale $p\,(x, y, z)$
in dem Punkte, dessen Koordinaten x, y und z sind.

Die Potentiale wird in Längeneinheiten ausgedrückt.

Als positive Richtung wird die von unten nach oben angenommen.

Die Ursprungsfläche, nach welcher die Potentiale gemessen
wird, kann beliebig gewählt werden; ebenso die Ursprungsfläche
zur Messung der Höhenlage. Nachstehend wird immer voraus-
gesetzt werden, daß beide Ursprungsflächen, die der Potentiale

und die der Höhe, zusammenfallen. Die Höhenlage wird mit h bezeichnet werden.

§ 3. Die phreatische Oberfläche.

Nach dem, was schon § 2, Absatz 1 bemerkt wurde, ist die Potentiale bald größer, bald kleiner als die Höhe des Punktes.

Im allgemeinen ist die Differenz $p - h$ größer, je nachdem h kleiner ist, also nimmt im allgemeinen $p - h$ nach der Tiefe hin zu.

In der kapillären Oberfläche (s. § 1) ist $p - h < 0$ und hat sie für das gesättigte Grundwasser ihren kleinsten Wert. Nach der Tiefe hin nun nimmt $p - h$ zu.

In einer gewissen Distanz unter der kapillären Oberfläche, die für reinen Sand in der Regel nur einige dm beträgt ist $p - h = 0$ oder $p = h$.

Die betreffende Distanz ist weiter noch von dem Bewegungszustand des Grundwassers abhängig.

Alle Punkte, worin $p = h$, liegen in einer in der Regel schwach gebogenen Oberfläche, welche ich die »phreatische Oberfläche« nenne.

Die phreatische Oberfläche wird mit Φ bezeichnet werden und die Form, welche den geometrischen Ort aller Punkte dieser Oberfläche im Raum ausdrückt, wird geschrieben werden:

$$\Phi(x, y, z) = 0.$$

Über der phreatischen Oberfläche nun ist $p < h$, in dieser Oberfläche ist $p = h$ und unter dieser Oberfläche ist $p > h$. (Nicht unmöglich ist es, daß es durch Wasserentnahme auch noch unter der phreatischen Oberfläche Punkte gibt, wo $p < h$ ist, so daß noch eine zweite Oberfläche entsteht, wo $p = h$ ist.)

Das Grundwasser zwischen der phreatischen und der kapillären Oberfläche ist das kapilläre Grundwasser.

In der funikulären und der pendulären Zone ist $p < h$, und zwar so, daß dort der algebraische Wert von $p - h$ immer kleiner ist als in der kapillären Zone.

Wenn geschürft wird, so ist das Niveau, wo das Wasser auszufließen anfängt, das der phreatischen Oberfläche an der Stelle dieses Schürfloches.

§ 4. Potentialdifferenz als Ursache der Bewegung.

Wenn die Potentiale des Grundwassers in verschiedenen
Punkten der Grundwassermenge verschieden ist, wird, falls sich
Wasser von den Punkten, wo eine größere Potentiale ist, nach
den Punkten mit kleinerer Potentiale bewegt, Arbeit verrichtet
werden.

Diese Arbeit ist das Produkt des abgeflossenen Wassers und
der Differenz der Potentiale beider Punkte. Wenn γ das spezi-
fische Gewicht ist, V das Wasservolumen, das von Punkt a nach
Punkt b fließt, so ist die verrichtete Arbeit:

$$\gamma\, V\, (p_a - p_b) \quad\ldots\ldots\ldots\ldots \quad (1)$$

wenn p_a und p_b die Potentialen in den betreffenden Punkten
darstellen.

§ 5. Innere Reibung des Wassers.

Das Grundwasser befindet sich in den sehr kleinen Poren im
Boden. Die Bewegung ist sehr träge und deswegen tritt kein
Wirbel ein.

Wenn das Wasser strömt, findet in jeder Pore Bewegung statt,
wie in einer sehr engen Röhre. Die Wasserschicht, welche die
Wand berührt, ist ganz oder nahezu in Ruhe. Die Wasserschichten
bewegen sich nebeneinander und dadurch tritt innere Reibung des
Wassers als Widerstand ein.

Die Kraft dieses Widerstandes ist proportional zu den Geschwindigkeitsdifferenzen der aneinander grenzenden Wasserschichten. Wenn die Wassermenge, welche pro Zeiteinheit durch
eine Pore fließt, n mal größer wird, wird mithin auch die Widerstandskraft n mal größer, falls die Geschwindigkeitsdifferenzen
auch überall in den Poren n mal größer geworden sind.

In weiterem Raum trifft dies nicht zu. Da tritt der sog.
Wirbel ein. Wo solches der Fall ist, da hat sich bei einem größeren
Wasservolumen, das pro Zeiteinheit durch den Raum fließt, das
gegenseitige Verhältnis der Geschwindigkeitsdifferenzen geändert
und ist die Widerstandskraft nicht mehr proportional zu dem pro
Zeiteinheit hindurchfließenden Volumen. Dies ist der Fall bei
Wasserleitungsrohren.

In natürlichen Sandschichten aber tritt bei den da vorkommenden Geschwindigkeiten kein Wirbel ein.

Das Gesetz, daß die Widerstandskraft proportional ist zu dem Wasservolumen, das pro Zeiteinheit hindurchfließt, heißt für enge Röhren das Poiseuillsche Gesetz, für Boden das Darcysche.

Dieses Gesetz trifft mit großer Genauigkeit für natürliche Bodengattungen zu. Verfasser dieses war selbst in der Gelegenheit, dies durch Experimente im großen zu kontrollieren (s. § 47).

Wenn das Wasservolumen, das pro Zeiteinheit durch eine gewisse Bodenmasse fließt, n mal größer wird, so wird die Kraft der Reibung n mal größer, und der Weg, den die aneinander grenzenden Wasserschichten in bezug aufeinander zurücklegen, wird n mal größer.

Die verrichtete Arbeit ist also $c V^2$, wenn c eine konstante Zahl ist, die für jede Bodengattung einen anderen Wert hat. Wenn der Koeffizient c für einen Teil der Grundwassermenge gilt, der die Einheit von Volum hat, so ist für ein elementäres Prisma mit Abmessungen dx, dy und dz, die Arbeit.

$$c \cdot dx \cdot dy \cdot dz \cdot V^2 \ldots \ldots \ldots (2)$$

§ 6. Geschwindigkeit·des Grundwassers.

Unter der Geschwindigkeit des Grundwassers (mit v zu bezeichnen) wird das Wasservolumen verstanden, das pro Zeiteinheit durch die Durchschnittseinheit des Bodens fließt. Sie ist geringer als die Durchschnittsgeschwindigkeit der Wasserteilchen.

§ 7. Potentialgefälle.

Wenn in zwei Punkten in einer kleinen gegenseitigen Distanz dl in beliebiger Richtung die Potentiale in dem Punkte, der dem Ausgangspunkt zunächst liegt, p und in dem anderen $p + dp$ ist, so ist das Gefälle der Potentiale über die Strecke gleich dp. Der algebraische Wert von dp kann positiv oder negativ sein. Das Gefälle pro Längeneinheit $\dfrac{dp}{dl}$ heißt das Potentialgefälle.

§ 8. Arbeit bei der Grundwasserbewegung.

Wenn die Bewegung des Wassers in der Richtung der x-Achse erfolgt, so kann die in § 5 erwähnte Wassermenge v als die betrachtet werden, welche durch einen Querschnitt gleich der Oberflächeneinheit fließt.

2*

Auf Grund der in § 6 gegebenen Definition darf daher für die Reibungsarbeit in einem Prisma $dx \cdot dy \cdot dz$ geschrieben werden:

$$c \cdot dx \cdot dy \cdot dz \cdot v^2 \qquad \dots \dots \dots \quad (3)$$

Die durch den hydrostatischen Druck verrichtete Arbeit kann für dasselbe Prisma wie folgt bezeichnet werden.

Die Potentialdifferenz $p_a - p_b$ (s. § 4) ist (s. § 7)

$$-\frac{dp}{dx} \cdot dx \qquad \dots \dots \dots \dots \quad (4)$$

Das in § 4 erwähnte Volumen V ist nun

$$v \cdot dy \cdot dz . \qquad \dots \dots \dots \quad (5)$$

und die durch den hydrostatischen Druck verrichtete Arbeit ist in dem elementären Prisma:

$$-\gamma \cdot \frac{dp}{dx} \cdot dx \cdot dy \cdot dz \cdot v \qquad \qquad (6)$$

Aus der Gleichstellung der Gleichungen (3) und (6) wird folgendes hergeleitet:

$$c\,v = -\gamma\,\frac{dp}{dx} . \qquad \dots \dots \dots \quad (7)$$

Hierbei ist stillschweigend angenommen, daß das Wasser nicht zusammendrückbar ist. Die Druckdifferenzen im Grundwasser sind so gering, daß tatsächlich keine merkbare Ausdehnung oder Zusammendrückung stattfindet.

Die Gleichung (7) ist abgeleitet für den Fall, wo die Geschwindigkeit in den beiden sich gegenüber liegenden Endflächen des elementären Prismas gleich groß ist.

Wenn gesetzt wird $k = \dfrac{1}{c}$, so geht die Formel (7) über in:

$$v = -\gamma\,k\,\frac{dp}{dx} \qquad \dots \dots \dots \quad (8)$$

und für eine beliebige Richtung gilt dann:

$$v = -\gamma\,k\,\frac{dp}{dx} \qquad \dots \dots \quad (9)$$

§ 9. Hauptrichtungen der Bodenmasse.

Die Körner, woraus die Bodenmasse aufgebaut ist, sind im Verhältnis zu der Grundwassermenge sehr klein. Die Formen sind unregelmäßig und für verschiedene Körner verschieden, während auch die Abmessungen differieren.

Es gibt also nicht zwei Gruppen von Körnern, worin die Poren miteinander übereinstimmen. Man nimmt aber an, daß in schon sehr kleinen, aus der Bodenmasse geschnittenen Prismen die unregelmäßigen Gruppen sich dergestalt wiederholen, daß zwei gleiche Prismen in bezug auf die Grundwasserbewegung als gleichwertig zu betrachten sind.

Die Grundwassermenge wird also vorläufig als homogen betrachtet.

In vielen Bodengattungen haben ein großer Teil der Körner eine langgedehnte oder abgeplattete Form und haben sie eine Neigung, mit ihrer Längen- und Kurzachse in einer gewissen Richtung zu liegen. Wo dies vorkommt, ist die Bodenmasse anisopor.

Die Grundwasserbewegung erfolgt in diesem Fall in verschiedenen Richtungen nicht gleich leicht.

Es läßt sich ableiten, daß es dann immer drei Hauptrichtungen gibt, welche rechte Winkel zueinander bilden. Sind zwei von diesen Richtungen sich gleichwertig, so gibt es eine Hauptrichtung. Sind alle drei Hauptrichtungen gleichwertig, so sind es alle Richtungen, und dann ist die Bodenmasse isopor.

§ 10. Die Grundgleichung der Grundwasserbewegung.

Es läßt sich ableiten, daß, wenn die Achsen x, y und z mit den Hauptrichtungen zusammenfallen, die Geschwindigkeit in jedem Punkt in drei Komponenten, v_x, v_y und v_z, zerlegt werden darf, welche sind:

$$\left.\begin{aligned} v_x &= -\gamma k_x \frac{dp}{dx} \\ v_y &= -\gamma k_y \frac{dp}{dy} \\ \text{und } v_z &= -\gamma k_z \frac{dp}{dz} \end{aligned}\right\} \quad \dots \dots \dots (10)$$

venn k_x, k_y und k_z die Werte sind, in die der Koeffizient k (§ 8) für die Hauptrichtungen übergeht.

Die Wassermenge, welche durch die einander gegenüberliegenden Flächen $dy\,dz$ eines Prismas fließt, ist für die eine
$v_x\,d_y\,d_z$ und für die andere

$$-\left(v_x + \frac{dv_x}{dx}\,dx\right)dy \cdot dz.$$

Die Differenz ist

$$\frac{dv_x}{dx}\,dx \cdot dy \cdot dz.$$

Da das Wasser nicht zusammendrückbar ist, muß die Summe
dieser Differenzen für die drei Paare einander gegenüberliegenden
Oberflächen 0 sein. Man kann also schreiben:

$$\left(\frac{dv_x}{dx} + \frac{dv_y}{dy} + \frac{dv_z}{dz}\right)dx \cdot dy \cdot dz = 0 \quad \ldots \ldots (11)$$

und weil die Kanten des Prismas $dx \cdot dy \cdot dz$ beliebige Werte haben,
muß sein:

$$\frac{dv_x}{dx} + \frac{dv_y}{dy} + \frac{dv_z}{dz} = 0 \ldots \ldots \ldots (12)$$

Aus der Gleichung und den Gleichungen (10) folgt:

$$k_x\frac{d^2 p}{dx^2} + k_y\frac{d^2 p}{dy^2} + k_z\frac{d^2 p}{dz^2} = 0 \ldots \ldots (13)$$

Für isopore Bodengattungen geht diese über in die Laplacesche Gleichung:

$$\frac{d^2 p}{dx^2} + \frac{d^2 p}{dy^2} + \frac{d^2 p}{dz^2} = 0 \quad \ldots \ldots \ldots (14)$$

Im folgenden werden alle Eigenschaften der Grundwasserbewegung abgeleitet werden, in der Voraussetzung, daß die
Laplacesche Gleichung gilt.

Das erste Glied dieser Gleichung wird verkürzt dargestellt
durch das Symbol Δp, so daß die Gleichung selbst geschrieben
wird:

$$\Delta p = 0 \quad \ldots \ldots \ldots \ldots (15)$$

§ 11. Anwendung der Grundgleichung.

Wenn man sich vorläufig allein mit dem Fall beschäftigt,
daß die Laplacesche Gleichung gilt, also mit isoporen Massen,
so muß die Funktion $p\,(x, y, z)$ immer eine Lösung dieser Gleichung sein.

Man bemühe sich nicht, bestimmte in einer Formel ausgedrückte Lösungen der Laplaceschen Gleichung zu finden.

Man wird sich an die allgemeine Gestalt $p\,(x, y, z)$ halten müssen. Weil sie eine Lösung der Laplaceschen Gleichung ist, können aus derselben durch Anwendung des Dirichletschen Lehrsatzes (s. § 13) die für die Theorie der Grundwasserbewegung notwendigen Eigenschaften der Grundwasserbewegung abgeleitet werden. (Hierfür möge auf Nr. XVI in dem Literaturverzeichnis am Schluß hingewiesen werden.)

§ 12. Kombination verschiedener Bewegungszustände.

Es läßt sich leicht ableiten, daß, wenn $p\,(x, y, z)$ der Laplaceschen Gleichung entspricht, dieser auch $m\,p\,(x, y, z)$ entsprechen muß, falls m eine beliebige positive oder negative Zahl ist.

Gleichfalls muß also $p_1\,(x, y, z)$ und $p_2\,(x, y, z)$ der genannten Bedingung genügen, auch $p_1\,(x, y, z) + p_2\,(x, y, z)$ diese Eigenschaft haben.

Es gilt also im allgemeinen, daß, wenn $p_1 \ldots \cdots \ldots p_n$ Lösungen der Laplaceschen Gleichung sind, auch $\varSigma_1{}^n\,m\,p$ dieser Bedingung genügt.

Kapitel II.

Die Begrenzung der Grundwassermenge und ihr Einfluß auf die Grundwasserbewegung.

§ 13. Die Anwendung des Dirichletschen Lehrsatzes.

Laut dem Dirichletschen[1]) Lehrsatze gibt es für einen beliebig begrenzten Raum immer eine, aber auch nur eine Funktion $p\,(x, y, z)$, welche:

1. innerhalb dieses Raumes selbst wie ihre Abgeleiteten erster und zweiter Ordnung fortlaufend und endlich ist,

2. dort $\varDelta\,p = 0$ entspricht und

3. in jedem Punkt der Oberflächen, welche den Raum begrenzen, einen gegebenen Wert hat.

---

[1]) Man sehe u. a.: A. J. H. Thywissen, »Het Vraagstuk van Dirichlet«, Leiden 1911.

Es läßt sich ableiten, daß dieser Satz erweitert werden darf, indem man sub 3. folgendermaßen ändert:

3. welche selbst, oder deren erste Abgeleitete, in jedem Punkt der Oberflächen, welche den Raum begrenzen, einen gegebenen Wert hat.

Dieser Satz mit der ihm gegebenen Erweiterung gilt für die Potentiale oder Steighöhe des Grundwassers. Die Oberflächen, welche die Grundwassermengen begrenzen, werden hier die Begrenzungsoberflächen genannt. Diese werden in den folgenden Paragraphen näher erörtert werden.

§ 14. Die Begrenzung der Grundwassermenge.

In dem natürlichen Zustande, d. h. so lange keine Wasserfassungsmittel (wie Brunnen, Gräben usw.) angebracht worden sind, wird die Grundwassermenge im allgemeinen durch offene Wasser, undurchlässige Massen und die phreatische Oberfläche begrenzt.

Die Oberflächen, welche die Begrenzung an offenen Wassern bilden, werden G genannt und dargestellt durch die Gleichung

$$G(x, y, z) = 0 \qquad \ldots \ldots \ldots \ldots (16)$$

Die phreatische Oberfläche wird mit Φ bezeichnet und dargestellt werden durch die Gleichung

$$\Phi(x, y, z) = 0 \qquad \ldots \ldots \ldots \ldots (17)$$

Die Oberflächen, welche die Begrenzung an undurchlässigen Massen bilden, werden Ψ genannt und dargestellt werden durch die Gleichung

$$\Psi(x, y, z) = 0 \qquad \ldots \ldots \ldots \ldots (18)$$

Die aus diesen Oberflächen zusammengesetzte Begrenzungsoberfläche wird mit (G, Φ, Ψ) bezeichnet werden.

§ 15. Die Eigenschaften der Potentiale in der Oberfläche G.

In der Oberfläche G stimmt der Wert von p mit der Zahl überein, welche den Wasserstand in dem offenen Wasser dort in bezug auf die in § 2 erwähnte Ursprungsoberfläche bezeichnet.

Dieser Wasserstand wird W genannt werden. Dieser ist nicht in jedem Punkt der Oberflächen G derselbe. In ein und demselben Fluß z. B. sind die Wasserstände in verschiedenen Teilen des

Laufes verschieden. Weiter hängt W noch von verschiedenen Einflüssen ab und kann alsdann eine Funktion der Zeit sein (verschiedene Wasserstände in demselben Fluß oder Kanal, Ebbe und Flut).

In jedem Zeitpunkt aber muß p in jedem Punkt von G in einen für jeden Punkt gegebenen Wert W übergehen.

§ 16. Die Eigenschaften der Potentiale in der Oberfläche Ψ.

In der Oberfläche Ψ ist die Bewegung des Grundwassers in der Richtung der Normale in jedem Punkt 0. Wenn N die Distanz in der Richtung der Normale der Oberfläche ist, so ist in jedem Punkt von Ψ:

$$\frac{dp}{dN} = 0 \quad \ldots \ldots \ldots \ldots \quad (19)$$

§ 17. Die Eigenschaften der Potentiale in der Oberfläche Φ.

In § 14 ist als dritte Begrenzungsoberfläche die phreatische Oberfläche genannt (s. hierüber § 3). Das Niederschlagwasser dringt teilweise in den Boden. Von dem eingedrungenen Wasser verdunstet wieder ein Teil unmittelbar vom Boden und durch Vermittlung der Pflanzen. Insofern es nun nicht wieder verdunstet, fließt dieses eingedrungene Niederschlagwasser, der nützliche Niederschlag, dem Grundwasser zu, das den Boden sättigt.

Die kapilläre und die phreatische Oberfläche steigen bei größerer und fallen bei geringerer Zufuhr, ihre Stände schwanken je um einen Mittelstand.

Für beide Oberflächen kann ein Mittelstand angenommen werden.

Dadurch dringt pro Zeiteinheit eine Wassermenge, welche dem nützlichen Niederschlag r pro Zeiteinheit entspricht.

Beide Oberflächen sind an Höhe und an Form nicht sehr verschieden. Man darf also für Begrenzungsoberfläche der Grundwassermasse sowohl die eine wie die andere behalten, und Φ soll dazu gewählt werden.

Die phreatische Oberfläche ist nur schwach gebogen und nahezu horizontal. In dieser Oberfläche ist immer

$$r = -\gamma k \frac{dp}{dN} \quad \ldots \ldots \ldots \quad (20)$$

Da hier N fast mit der Vertikalen zusammenfällt, so kann, wenn h die Distanz in der Richtung der Vertikalen nach oben hin gemessen darstellt, geschrieben werden:

$$- \frac{dp}{dN} = \frac{dp}{dh} \quad \cdots \cdots \cdots \cdots (21)$$

und ist

$$r = \gamma k \frac{dp}{dh} \quad \cdots \cdots \cdots \cdots (22)$$

In Φ ist also die Bedingung, welcher die Potentiale zu genügen hat:

$$\frac{dp}{dh} = \frac{r}{\gamma k} \quad \cdots \cdots \cdots \cdots (23)$$

§ 18. Phreatische Oberfläche und Wasserentnahme.

Von der Begrenzungsoberfläche (G, Φ, Ψ) sind die Oberflächen G und Ψ bzw. durch die morphologische und die geologische Beschaffenheit des Terrains bestimmt, die phreatische Oberfläche Φ hingegen wird durch die Funktion p (s. § 3) bestimmt. Dadurch entsteht eine Komplikation, welche in vielen Fällen eine exakte Lösung der hydrologischen Probleme unmöglich macht (s. Kap. V).

Bei jeder Wasserentnahme ändert sich nämlich die Funktion p und dadurch auch die Gestalt der Oberfläche Φ. Wenn nun bei einer gewissen Wasserentnahme die Veränderung, welche Φ infolgedessen erfährt, so gering ist, daß sie keinen Einfluß hat, so kann man von einer Grundwasserentnahme bei »unveränderlicher phreatischer Oberfläche« sprechen.

Ist diese Veränderung so groß, daß sie wirklichen Einfluß hat, so spricht man von Wasserentnahme bei »veränderlicher phreatischer Oberfläche«.

Die phreatische Oberfläche erfährt auch noch Veränderungen durch Ursachen, unabhängig von der Wasserentnahme. Dies wird in § 24 näher erörtert werden.

§ 19. Die Begrenzungsbedingungen, falls es keine Unterbrechungen gibt.

Beim natürlichen Zustande (s. § 14) ist die Funktion $p(x, y, z)$, welche die Potentiale in jedem Punkt einer Grundwassermenge bezeichnet, eine Lösung von $\Delta p = 0$, welche in der Begrenzungsoberfläche (G, Φ, Ψ) folgenden Bedingungen genügt:

$$\left.\begin{array}{ccc} \text{in } \underline{G} \text{ ist} & \underline{p = W} \\[2mm] \text{in } \underline{\Phi} \text{ »} & \dfrac{d\,p}{d\,h} = \dfrac{r}{\gamma\,k} \\[2mm] \text{und in } \underline{\Psi} \text{ »} & \dfrac{d\,p}{d\,N} = 0 \end{array}\right\} \quad \ldots \ldots \ldots \text{(I a)}$$

§ 20. Unterbrechung der Grundwassermenge.

Wenn ein Wasserfassungsmittel angeordnet wird, z. B. ein Sammelkanal, ein Sickerschlitz, ein Brunnen oder eine Kombination solcher Mittel, so wird die Grundwassermenge unterbrochen. In den Oberflächen dieser Unterbrechungen muß die Funktion p oder die erste Abgeleitete auch gegebenen Bedingungen genügen.

Diese Oberflächen bilden auch einen Teil der Begrenzungsoberfläche. Sie werden mit O bezeichnet und dargestellt werden durch:

$$\underline{O\,(x, y, z) = 0} \quad \ldots \ldots \ldots \text{(24)}$$

Die Oberfläche O zerfällt in verschiedene Oberflächen, wenn es mehrere Wasserfassungsmittel gibt. Die Begrenzungsoberfläche wird, wenn es eine Oberfläche O gibt, dargestellt werden durch ($\dot{G}$, Φ, Ψ, O).

§ 21. Wasserentnahme in den Unterbrechungen der Grundwassermenge.

Den Oberflächen der Unterbrechungen kann eine konstante Wassermenge Q pro Zeiteinheit entnommen werden. Dann ist

$$Q = \int_0^O \gamma\,k\,\frac{d\,p}{d\,N}\,dO \quad \ldots \ldots \ldots \text{(25)}$$

Später wird sich zeigen, daß der Fall eintreten kann, wo k nicht überall denselben Wert hat. Man darf aber γ in jedem Punkt als gleich groß annehmen.

Dann ist also

$$Q = \gamma \int_0^O k\,\frac{d\,p}{d\,N}\,dO \quad \ldots \ldots \ldots \text{(26)}$$

Ebensowohl wie eine konstante Wassermenge pro Zeiteinheit entnommen werden kann, so kann in den Wasserfassungsmitteln der Wasserstand auf eine gewisse Höhe gebracht werden. Dann geht also in jedem Punkt von O der Wert von p in P über. Dieses P braucht nicht in jedem Punkt denselben Wert zu haben, es können z. B. verschiedene Brunnen bis auf verschiedene Niveaus abgepumpt werden.

Hier werden wir bei den Ableitungen von dem letzten Fall ausgehen, daß nämlich in O ist $p = P$.

§ 22. Die Begrenzungsbedingungen, falls die Grundwassermenge unterbrochen ist.

Wenn es Unterbrechungen gibt, so sind die Bedingungen in der Begrenzungsoberfläche (G, Φ, Ψ, O) folgende:

$$\left.\begin{array}{ll} \text{in } G \text{ ist } & p = W \\[2mm] \text{in } \Phi \quad \text{»} & \dfrac{dp}{dk} = \dfrac{r}{\gamma k} \\[3mm] \text{in } \Psi \quad \text{»} & \dfrac{dp}{dN} = 0 \\[3mm] \text{und in } O \quad \text{»} & p = P \end{array}\right\} \quad \dots \dots \dots \text{(I b)}$$

§ 23. Die Veränderung, welche die Potentiale in jedem Punkt durch die Wasserentnahme erfährt.

Zunächst wird der einfache Fall behandelt werden, wo O eine geschlossene Oberfläche von geringen Abmessungen im Vergleich zu denen von (G, Φ, Ψ) ist.

Dann kann man sich anfangs den Zustand denken, wobei in O keine besonderen Bedingungen gelten.

Die Potentiale wird nun in jedem Punkt durch $p_0 (x, y, z)$ dargestellt. Bei der Wasserentnahme ist sie $p_1 (x, y, z)$.

p_0 muß den Bedingungen I a genügen. Die Grundwassermasse ist nun in O ununterbrochen.

Weil diese Oberfläche klein gedacht ist, so ist darin der Wert von p_0 annähernd überall derselbe, p_1 muß der Bedingung I b genügen.

Die Veränderung, welche die Potentiale in jedem Punkt erfahren hat, wird dargestellt durch $\pi (x, y, z)$.

Die Bedingungen I a und I b sind in jedem Punkt von (G, Φ, Ψ) gleich. In O ist aber eine Veränderung eingetreten.

Man darf schreiben:

$$\pi = p_1 - p_0 \cdot \cdot \cdot \cdot \cdot \cdot \cdot \cdot \cdot \cdot (27)$$

Weil $\varDelta\, p_0 = 0$ und $\varDelta\, p_1 = 0$ ist, so ist nach § 12 auch $\varDelta\, \pi = 0$.

Die Funktion π muß überdies in $(G, \varPhi, \varPsi, O)$ folgenden Bedingungen genügen:

$$\left.\begin{array}{l} \text{in } \underline{G} \text{ ist } \pi = 0. \\[2mm] \text{in } \underline{\varPhi} \quad \text{»} \quad \dfrac{d\,\pi}{d\,h} = 0, \\[4mm] \text{in } \underline{\varPsi} \quad \text{»} \quad \dfrac{d\,\pi}{d\,N} = 0 \\[4mm] \text{und in } \underline{O} \quad \text{»} \quad \pi = p_0 - P \end{array}\right\} \quad \cdot \cdot \cdot \cdot \cdot \cdot \cdot \cdot \text{(II)}$$

§ 24. Veränderliche und unveränderliche phreatische Oberfläche.

Laut dem, was in § 18 bemerkt wurde, wird $\varPhi$ eigentlich durch p bestimmt, also hier durch p_0 und durch p_1. Dadurch hat $\varPhi$ in den Bedingungen I a und I b nicht dieselbe Gestalt und müßte man $\varPhi_0$ und $\varPhi_1$ schreiben. Die Ableitung der Bedingungen II ist also weniger einfach.

Es lassen sich aber zwei Fälle unterscheiden, nämlich:

1. An der Stelle von $\varPhi_0$ und $\varPhi_1$ ist der Wert von π so gering, daß man schreiben darf:

$$\varPhi_0\,(x, y, z) = \varPhi_1\,(x, y, z) \cdot \cdot \cdot \cdot \cdot \cdot \cdot (28)$$

Dann ist die Bedingung II wie oben geschrieben wurde.

2. Es gibt einen wesentlichen Unterschied zwischen $\varPhi_0$ und $\varPhi_1$, und dann dürfen die Bedingungen II nicht ohne weiteres geschrieben werden (s. hierüber § 50).

Kapitel III.

Grundwassergewinnung bei unveränderlicher phreatischer Oberfläche.

§ 25. Proportionalität der Potentialveränderungen in jedem Punkt der Grundwassermenge.

Wenn angenommen wird, daß die phreatische Oberfläche unveränderlich ist, so kann folgendes abgeleitet werden.

Da π der Gleichung $\Delta \pi = 0$ genügt, so wird auch jede Funktion $\pi_1 = n\,\pi$ nachstehenden Bedingungen genügen, welche aus II (s. § 23) abgeleitet werden können.

$$\text{in } \underline{G} \text{ ist } \pi_1 = 0,$$

$$\text{in } \underline{\Phi} \quad » \quad \frac{d\pi_1}{dh} = 0,$$

$$\text{in } \underline{\Psi} \quad » \quad \frac{d\pi_1}{dN} = 0$$

$$\text{und in } \underline{O} \quad » \quad \pi_1 = n\,(p_0 - P).$$

Hieraus folgt, daß, wenn in jedem Punkt der Oberfläche O die Potentiale eine Änderung M erfährt, die Potentiale in jedem Punkt der Grundwassermenge eine entsprechende Änderung erfährt.

§ 26. Einfluß des vorher herrschenden Zustandes auf die Wasserentnahme.

Die Wassermenge, welche dann pro Zeiteinheit entnommen wird, ist (s. § 21):

$$Q = \gamma \int_0^O k\,\frac{dp_1}{dN}\,dO = \gamma \int_0^O k\,\frac{dp_0}{dN}\,dO + \gamma \int_0^O k\,\frac{d\pi}{dN}\,dO \qquad (29)$$

Weil in dem ursprünglichen Zustand, als die Grundwassermenge in O ununterbrochen war, die Wasserentnahme pro Zeiteinheit 0 war, so ist:

$$\gamma \int_0^O k\,\frac{dp_0}{dN}\,dO = 0 \ldots \ldots \ldots (30)$$

und geht die Gleichung (29) über in:

$$Q = \gamma \int_0^O k \frac{d\pi}{dN} dO \quad \ldots \ldots \ldots (31)$$

Die Wassermenge also, welche stündlich entnommen wird, hängt nicht von der Funktion ab, welche die Potentiale vor der Wasserentnahme bezeichnet, m. a. W. ist sie unabhängig von dem Bewegungszustand, welcher vor der Wasserentnahme im Grundwasser herrschte.

§ 27. Zusammenhang zwischen Wasserentnahme und Potentialveränderung in einer einfachen Unterbrechung.

Weiter ist schon in § 25 abgeleitet worden, daß in jedem Punkt π zu M proportional ist.

Erfährt die Potentiale in O eine Änderung nM, so ist auch die Änderung in jedem Punkt der Grundwassermenge $n\pi$.

Formel (31) geht alsdann über in:

$$Q_A = \gamma \int_0^O k \frac{dn\pi}{dN} dO = n\gamma \int_0^O k \frac{d\pi}{dN} dO \quad \ldots \ldots (32)$$

Hieraus folgt, daß die Wassermenge, welche pro Zeiteinheit entnommen wird, zu der Potentialveränderung M in O proportional ist.

§ 28. Zusammenhang zwischen Wasserentnahme und Potentialveränderung in einer kombinierten Unterbrechung.

In §§ 26 und 27 ist abgeleitet worden, daß die Wassermenge, welche pro Zeiteinheit entnommen wird, zu der Potentialabnahme in O proportional ist und daß sie von dem vorher herrschenden Bewegungszustand des Grundwassers unabhängig ist.

Es ist bloß angenommen, daß O im Vergleich zu (G, Φ, Ψ) klein ist. Wenn Φ sich aus mehreren Oberflächen zusammensetzt, welche je der Bedingung genügen, daß sie klein sind, so trifft diese Regel auch zu.

Die Leistung eines Einzelbrunnens oder einer Brunnengruppe ist also proportional der Potentialabnahme in diesem Brunnen oder diesen Brunnen und unabhängig von der Richtung und der Geschwindigkeit des vor der Wasserentnahme bestehenden Grundwasserstromes.

§ 29. Gleichzeitige Wasserentnahme aus mehreren Unterbrechungen.

Wenn in der Grundwassermenge zwei Unterbrechungen O_1 und O_2 auftreten, welche beide wieder von kleinen Abmessungen sind, so daß in jeder dieser Oberflächen der Wert der Potentiale in jedem Punkt als gleich groß angenommen werden darf, kann man folgendes ableiten.

Ändert sich in O_1 die Potentiale mit M_1, während die Grundwassermenge in O_2 als kontinuierlich gedacht wird, so daß die Änderung der Potentiale $\pi\,(x, y, z)$ in O_2 kontinuierlich ist, so tritt, durch die Potentialveränderung M_1 in O_1, in O_2 eine Potentialveränderung π_1 auf.

Die Funktion $\pi_1\,(x, y, z)$ ist eine Lösung von $\varDelta\,\pi_1 = 0$, welche folgenden Bedingungen genügt:

$$\left.\begin{array}{l} \text{in } \underline{G} \text{ ist } \underline{\pi_1 = 0,} \\[2mm] \text{in } \underline{\varPhi} \quad \text{\guillemotright} \quad \dfrac{d\,\pi_1}{d\,h} = 0, \\[3mm] \text{in } \underline{\varPsi} \quad \text{\guillemotright} \quad \dfrac{d\,\pi_1}{d\,N} = 0 \\[3mm] \text{und in } \underline{O_1} \quad \text{\guillemotright} \quad \underline{\pi_1 = M_1} \end{array}\right\} \quad \ldots\ldots \text{(IVa)}$$

Auf dieselbe Weise läßt sich ableiten, daß, wenn in O_1 die Grundwassermenge kontinuierlich ist und in O_2 eine Änderung M_2 auftritt, welche in jedem Punkt der Grundwassermenge eine Änderung $\pi_2\,(x, y, z)$ ergibt, π_2 eine Lösung von $\varDelta\pi_2 = 0$ ist, welche folgenden Bedingungen genügt:

$$\left.\begin{array}{l} \text{in } \underline{G} \text{ ist } \underline{\pi_2 = 0,} \\[2mm] \text{in } \underline{\varPhi} \quad \text{\guillemotright} \quad \dfrac{d\,\pi_2}{d\,h} = 0, \\[3mm] \text{in } \underline{\varPsi} \quad \text{\guillemotright} \quad \dfrac{d\,\pi_2}{d\,N} = 0 \\[3mm] \text{und in } \underline{O_2} \quad \text{\guillemotright} \quad \underline{\pi_2 = M_2} \end{array}\right\} \quad \ldots\ldots \text{(IVb)}$$

So kann man sich denken, daß die Potentiale in jedem Punkt eine Änderung:

$$\underline{\pi_1 + \pi_2 + \ldots\ldots\ldots \pi_n = \varSigma\,\pi} \quad \ldots\ldots \text{(33)}$$

erfährt. Dann muß auf Grund der in § 12 abgeleiteten Eigenschaft $\varDelta \varSigma \pi = 0$ sein und zugleich ergeben sich die Bedingungen:

$$
\left.
\begin{aligned}
&\text{in } \underline{G} \text{ ist } \varSigma \pi = 0, \\
&\text{in } \underline{\varPhi} \;\; » \;\; \frac{d \varSigma \pi}{d h} = 0, \\
&\text{in } \underline{\varPsi} \;\; » \;\; \frac{d \varSigma \pi}{d N} = 0, \\
&\text{in } \underline{O_1} \;\; » \;\; \varSigma \pi = M_1 + \pi_2 + \pi_3 + \dots , \\
&\text{in } \underline{O_2} \;\; » \;\; \varSigma \pi = \pi_1 + M_2 + \pi_3 + \dots , \\
&\text{in } O_3 \;\; » \; \dots \dots \dots \dots \dots \dots
\end{aligned}
\right\} \quad \text{(Va)}
$$

$$\dots \dots \dots \dots \dots \dots \dots \dots \dots$$

Es ist nicht zu übersehen, daß die Funktionen π_1 und π_2 usw. in den Bedingungen für o_1 die Werte haben, in welche sie in dieser Unterbrechung übergehen; in den Bedingungen für O_2 usw. haben sie auf dieselbe Weise die Werte, in welche sie für diese Unterbrechungen übergehen.

§ 30. Potentialveränderung in jedem Einzelteil einer kombinierten Unterbrechung.

In § 25 wurde schon abgeleitet, daß für jede Gruppe von Werten von x, y und z auch π_1, π_2 usw. bestimmte Werte haben, und diese Werte sind alle proportional zu resp. M_1, M_2 usw.

So kann man, wenn a eine Gruppe Koeffizienten mit zwei Indizien darstellt, deren linkes sich auf die relative Funktion und deren rechtes sich auf die Unterbrechung bezieht, für welche der Koeffizient a gilt, die Bedingungen für die Unterbrechungen wie folgt schreiben:

$$
\left.
\begin{aligned}
&\text{in } O_1 \text{ ist } \varSigma \pi = M_1 + {}_2a_1\, M_2 + {}_3a_1\, M_3 + {}_4a_1\, M_4 \text{ usw.} \\
&\text{in } O_2 \;\; » \;\; \varSigma \pi = {}_1a_2\, M_1 + M_2 + {}_3a_2\, M_3 + {}_4a_2\, M_4 \text{ usw.} \\
&\text{in } O_3 \;\; » \;\; \varSigma \pi = {}_1a_3\, M_1 + {}_2a_3\, M_2 + M_3 + {}_4a_3\, M_4 \text{ usw.}
\end{aligned}
\right\} \text{(Vb)}
$$

§ 31. Der Koeffizient der Potentialveränderung.

Weiter wurde schon abgeleitet (s. § 27), daß die Wassermenge, welche jede Unterbrechung pro Zeiteinheit ergibt, proportional zu π ist, und deshalb sind M_1, M_2 usw. proportional zu den Wassermengen Q_1, Q_2 usw., welche jede Unterbrechung ergibt.

Ist nun für einen beliebigen Punkt der Grundwassermenge bei einer Wasserentnahme Q aus einem Filter die Potentialveränderung π, so ist die Potentialveränderung in diesem Punkt bei einer Wasserentnahme, welche der Volumeneinheit pro Zeiteinheit aus demselben Filter entspricht,

$$a = \frac{\pi}{\omega}.$$

Dieser Wert a wird der **Koeffizient der Potentialveränderung** genannt werden.

Dieser wird vorläufig mit zwei Indizien bezeichnet werden, das linke für die relative Funktion π und das rechte für das Filter, an dessen Stelle der Wert gilt.

Der Koeffizient a stellt die Potentialabnahme in der Unterbrechung O_1 dar, wenn derselben pro Zeiteinheit eine Wassermenge entnommen wird, welche der Volumeneinheit gleich ist.

Auf dieselbe Weise stellt der Koeffizient $_a a_b$ die Potentialabnahme in der Unterbrechung O_b dar, wenn aus O_a pro Zeiteinheit die Volumeneinheit Wasser entnommen wird.

§ 32. Zusammenhang zwischen Wasserleistung und Potentialveränderung für jeden Einzelteil einer kombinierten Unterbrechung.

Die Bedingungen Vb lassen sich durch andere Gleichungen ersetzen, welche wie folgt geschrieben werden:

$$\left.\begin{array}{l} D_1 = {}_1a_1 Q_1 + {}_2a_1 Q_2 + {}_3a_1 Q_3 + {}_4a_1 Q_4 \text{ usw.} \\ D_2 = {}_1a_2 Q_1 + {}_2a_2 Q_2 + {}_3a_2 Q_3 + {}_4a_2 Q_4 \text{ usw.} \\ D_3 = {}_1a_3 Q_1 + {}_2a_3 Q_2 + {}_3a_3 Q_3 + {}_4a_3 Q_4 \text{ usw.} \end{array}\right\} \quad (\text{Vc})$$

wenn D_1, D_2, D_3 usw. die Totalpotentialabnahmen in jeder Unterbrechung ergeben, bei Wasserentnahmen resp. Q_1, Q_2, Q_3 usw. in den verschiedenen Unterbrechungen.

Die Gleichungen Vc stellen n Verhältnisse dar zwischen den n Potentialabnahmen D und den n Wassermengen Q, welche jeder Unterbrechung entnommen werden. Wenn die n^2 Koeffizienten bekannt sind, können also von den zwei n Größen D und Q berechnet werden, falls für die anderen n dieser Größen Werte angenommen werden.

§ 33. Allgemeine Gültigkeit der Koeffizienten der Potentialveränderung.

Tatsächlich haben die n^2 Koeffizienten α im allgemeinen auch n^2 verschiedene Werte. Sie sind nämlich abhängig von den Stellen der beiden Unterbrechungen, deren Indizien sie haben, und die, welche zwei gleiche Indizien haben, hängen von der Gestalt der Unterbrechung ab, von welcher sie diese bekommen, weiter von (G, Φ, Ψ) und dem Wert k (s. § 27).

Sind $O_1 \ldots O_n$ die Filter von sich nahe liegenden Brunnen mit gleicher Konstruktion, deren Filter in ähnlichen Bodenschichten angeordnet sind, so darf man annäherungsweise annehmen:

$$_1\alpha_1 = {}_2\alpha_2 = {}_3\alpha_3 = \ldots \ldots \alpha_f \quad \ldots \ldots \quad (35)$$

und allgemein, gleichfalls näherungsweise:

$$_a\alpha_b = {}_b\alpha_a = \alpha\lambda,$$

womit ausgedrückt wird, daß α von der Distanz λ von O_a bis O_b abhängt.

Für jeden Brunnen kann nun eine Gleichung aufgestellt werden:

$$D = \Sigma \, \alpha_\lambda Q \quad \ldots \ldots \quad (37)$$

deren zweites Glied ebensoviel Glieder hat wie es Brunnen gibt, unter der Bedingung, daß in dem Glied Q dasselbe Indiz wie D hat, statt des Indizes λ geschrieben wird f.

Wenn die Koeffizienten α_f und α_λ für jeden Wert der Distanz λ bekannt sind, so läßt sich berechnen für eine beliebige Brunnengruppe mit Filtern, wofür α_λ gilt, falls in jedem Brunnen die Potentiale eine gewisse Änderung D erfährt, welches Wasservolumen jeder Brunnen pro Zeiteinheit leisten wird, und folglich auch, wieviel sie alle zusammen leisten werden.

Es lassen sich alsdann alle verlangten Berechnungen ausführen.

§ 34. Die Leistungsfähigkeit einer Wasserfassungsanlage.

Für eine Gruppe von n Brunnen können die n Gleichungen $D = \Sigma \alpha_\lambda Q$ (s. § 33) aufgestellt werden. Wenn man annimmt, daß die Potentialabnahme in allen Brunnen 1 wird, so gehen die Gleichungen über in:

$$\Sigma \, \alpha_\lambda \, q = 1 \quad \ldots \ldots \ldots \quad (38)$$

wenn darin die n Werte q die Wassermengen darstellen, welche
jeder Brunnen alsdann leistet.

Wenn der Wert von α bekannt ist, kann man die n Werte
von q wie folgt ausdrücken:

$$q_m = \frac{d_m}{\varDelta} \quad . \quad . \quad . \quad . \quad . \quad . \quad (39)$$

und falls gesetzt wird:

$$\varSigma\, q = c \quad . \quad . \quad . \quad . \quad . \quad . \quad (40)$$

so ist

$$C = \frac{\varSigma\, d}{\varDelta} \quad . \quad . \quad . \quad . \quad . \quad . \quad (41)$$

Darin stellt $\varDelta$ die Determinante der n Gleichungen (38) dar
und d_m dieselbe Determinante, falls darin alle Zahlen der m-sten
Kolumne durch 1 ersetzt sind.

Die Größe C kann die Leistung der Brunnengruppe genannt
werden. Sie ist das Wasservolumen, das die Brunnengruppe pro
Zeiteinheit leistet, wenn die Potentiale in jedem Brunnen die
Längeneinheit beträgt.

Für einen Einzelbrunnen ist

$$C = \frac{1}{a_f} \, .$$

§ 35. Gegenseitige Anordnung der Brunnen.

Die Brunnen, welche als Wasserförderstelle dienen sollen,
werden in der Regel in gerader Linie in gleichen gegenseitigen
Entfernungen angeordnet. Müssen die Brunnen doch alle an eine
Saug- oder Heberleitung angeschlossen werden. Am vorteilhaftesten ist nun obenerwähnte Anordnung in gerader Linie.

Daß gleiche gegenseitige Entfernungen am vorteilhaftesten
sind, ist nicht immer der Fall. Da eine Wasserförderstelle meistens
später erweitert werden muß, ist es aber zu empfehlen, die gegenseitigen Entfernungen gleich groß zu nehmen.

Es können mehrere Fragen vorkommen.

Ist die Länge des Terrains beschränkt, so hat man zu berechnen, bis zu welcher Tiefe abgepumpt werden muß, um die ver-
langte Wassermenge aus dem verfügbaren Terrain zu gewinnen.

Kann dagegen über eine größere Länge verfügt werden, so ist
die Frage, welche Länge man der Wasserfassungsanlage zu geben
hat, um eine bedingte Saughöhe nicht zu überschreiten.

In beiden Fällen soll erst berechnet werden, welche gegenseitige Entfernung die Brunnen haben müssen.

§ 36. Bestimmung der gewünschten gegenseitigen Entfernung der Brunnen.

Nur ausnahmsweise muß die gegenseitige Entfernung der Brunnen kleiner als 40—50 m sein. In vielen Fällen muß diese viel größer sein, z. B. 80 oder 100 m. Es kann aber vorkommen, daß die Entfernung bis auf 20 m vermindert werden muß.

Wenn angenommen wird, daß die Brunnenreihe etwa A m lang werden muß, so wird die für 2, 3, 4 oder mehr Brunnen berechnete Leistung über diese Länge verteilt.

Indem man die Zahl der Brunnen als Abszisse und die Leistungsfähigkeit der Wasserförderstelle als Ordinate in einem Diagramm absteckt, so kann man finden, bei welcher Anzahl Brunnen, also auch bei welchen gegenseitigen Entfernungen die Leistungsfähigkeit nicht mehr zunimmt, wenn über dieselbe Länge noch mehr Brunnen verteilt werden.

Ist diese Entfernung l m, so wird die Leistungsfähigkeit für Gruppen von einer verschiedenen Zahl von Brunnen berechnet, welche in einer Linie mit der gegenseitigen Entfernung l angeordnet sind.

Alsdann kann die Länge der Wasserförderstelle als Abszisse, die Leistungsfähigkeit als Ordinate abgesteckt werden. So kann die gewünschte Länge der Wasserförderstelle graphisch bestimmt werden.

§ 37. Beobachtungen zur Bestimmung der Koeffizienten der Potentialveränderung.

Durch eine Leistungsmessung, im allgemeinen mit Hilfe eines Pumpversuchs, jedoch für artesische, d. h. frei überfließende Brunnen, gewöhnlich durch Messung des frei ausströmenden Wassers und dazu gleichzeitige notwendige Beobachtungen kann man Q finden und π_f und π_λ. Hieraus kann a_f und a_λ berechnet werden (s. § 30).

Dazu wird ein Versuchsbrunnen gebohrt und werden in verschiedenen Entfernungen von diesem Brunnen Pegelrohre angebracht.

Wie diese konstruiert sind und wie die Beobachtungen ange-
stellt werden, wird in Kapitel IV behandelt werden.

§ 38. Interpolation zur Berechnung der Koeffizienten der Potentialveränderung.

Für je mehr verschiedene Entfernungen λ der Koeffizient a_λ
unmittelbar aus der Beobachtung bekannt ist, um so genauer
können natürlich die Berechnungen ausgeführt werden. Man wird
aber durch eine Interpolation und manchmal auch durch Extrapolation beliebiger Entfernungen λ diesen Koeffizienten kennen
müssen.

Ich habe dazu Interpolationsformeln verwendet, und zwar
von folgender Gestalt:

$$a_\lambda + A + B \lg \lambda + C \lg (L - \lambda) + D \lg (2L - \lambda) +$$
$$+ E \lg (3L - \lambda) + \frac{F}{\lambda} + \frac{G}{L - \lambda} + \frac{H}{2L - \lambda} \quad \text{usw.} \quad (42)$$

worin A, B, C, D, E, F, G und H zu berechnende Konstanten
sind. Weshalb eben diese Formel von mir verwendet wurde,
wird hier nicht auseinandergesetzt.

Die Zahl der Glieder im zweite Glied nehme ich so groß wie
die Zahl der Pegelrohre in verschiedenen Entfernungen. Für L
setze ich, je nachdem es sich als erwünscht zeigt, z. B. 300, 500
oder 1000, wenn λ in Metern ausgedrückt ist.

Je nachdem das Filter eine Länge hat, welche die Höhe der
gut durchlässigen Bodenmasse nahe kommt, treten die Glieder
mit $\lg \lambda$, $\lg L - \lambda$ usw. in den Vordergrund; je nachdem das
Filter kürzer ist und die gut durchlässigen Bodenschichten stärker
sind, treten die Glieder mit $\frac{1}{\lambda}$, $\frac{1}{L - \lambda}$ usw. mehr in den Vordergrund.

Wenn nur wenig Werte a_λ bekannt sind, müssen an erster
Stelle die Glieder A, $B \lg \lambda$ und $\frac{F}{\lambda}$ interpoliert werden. Nur dann,
wenn die Bodenschicht, in welcher das Filter angeordnet ist,
durch zwei nahezu undurchlässige Tonmassen eingeschlossen ist
und das Filter des Versuchsbrunnens von der einen bis zu der
anderen Tonschicht reicht, wird man für a_λ einen Ausdruck finden,
der in a_r übergeht, wenn man darin für λ den halben Durchmesser

der Filterhülle substituiert. Es wäre möglich, für jeden Fall einen Ausdruck zu finden, der für 0 in a, übergeht, aber das ist nicht notwendig und der Ausdruck würde dadurch in den meisten Fällen sehr kompliziert werden.

Da Extrapolation nicht gewünscht ist, hat man, wenn möglich, bei einem Pumpversuch das äußerste Pegelrohr so weit von dem Versuchsbrunnen anzubringen, daß Extrapolation unterbleiben kann. So muß das Pegelrohr, das dem Versuchsbrunnen zunächst angebracht ist, am liebsten nicht weiter davon entfernt sein, als bei der Wasserfassungsanlage zwei Brunnen solches voneinander sein werden.

Kapitel IV.

Der Pumpversuch bei unveränderlicher phreatischer Oberfläche und die Entwicklung der Ergebnisse.

§ 39. Das Wesen des Pumpversuchs.

Der Pumpversuch besteht darin, daß einem Versuchsbrunnen eine bekannte Wassermenge pro Einheit der Zeit entnommen wird und daß zugleich gemessen wird die Pontentialabnahme in dem Filter des Versuchsbrunnens selbst und in verschiedenen Entfernungen von dem Brunnen.

§ 40. Der Versuchsbrunnen.

Der Versuchsbrunnen besteht aus einem Filter und einem Steigrohr. Der Durchmesser des Steigrohrs wird so groß genommen, daß bei der größten Wassermenge, die man zu entnehmen beabsichtigt, der Widerstand nicht zu groß wird (am liebsten nur einige Dezimeter).

Das Filter besteht aus einem gelochten Rohr mit demselben Durchmesser wie das Steigrohr. Am besten ist, daß die Öffnungen lange Schlitze von einigen Millimetern Breite sind.

Das Filter wird mit Kies, grobem Sand und wo nötig mit noch feinerem Sand schichtenweise umschüttet, und zwar so, daß eine richtige Aufeinanderfolge von immer feinerem Material entsteht. Die Schichten sollen eine Stärke von 5—7 cm haben. Die Wahl des Materials der aufeinanderfolgenden Schichten soll so sein, daß das feinere Material nicht als Laufsand in das gröbere fließen kann. Je mehr Schichten, desto besser, aber meistens werden nur zwei Schichten gebraucht, um den Bau nicht zu verteuern. Bei idealer Umschüttung müßte die äußerste Schicht gewaschener Sand von der Bodenschicht sein, worin das Filter angebracht ist. Jede Schicht soll aus gewaschenem und gesiebtem Material bestehen, worin die Korngröße möglichst wenig verschieden ist.

In der innersten Schicht der Umschüttung wird zur halben Filterhöhe ein Beobachtungsfilter von $\pm 2\frac{1}{2}$ cm innerem Durchmesser angeordnet, das eine Länge von 1 m hat und auf dieselbe Weise gelocht ist wie das Filter des Versuchsbrunnens selbst.

Dieses Beobachtungsfilter wird mit einem Pegelrohr von gleichem Durchmesser nach oben hin verlängert.

Der Wasserstand in diesem Rohr ergibt die Potentiale oder Steighöhe in dem Filter des Versuchsbrunnens.

Wo es nicht möglich ist, den Durchmesser durch Bohrung so groß zu machen, daß das Filter gehörig umschüttet werden kann, so genügt ein mit Drahtgewebe umhülltes gelochtes Rohr. Dieses System ist jedoch nicht zu empfehlen.

§ 41. Die Pegelrohre.

In Entfernungen von z. B. 30, 60, 90, 180 und 360 m und wo nötig in noch größeren Entfernungen vom Versuchsbrunnen werden Pegelrohre angeordnet. Sie sind konstruiert wie die Pegelrohre, welche in der Pumpbrunnenhülle angebracht sind, können aber 32 mm weit gemacht werden. Eine Umschüttung in einer Schicht ist in der Regel genügend, meistens genügt bloß Drahtgewebe schon. Das Filter wird in derselben Höhe wie das Beobachtungsfilter des Versuchsbrunnens angebracht.

§ 42. Dichtung des Bohrlochs.

Beim Aufziehen der Bohrrohre, welche zum Abteufen der Versuchsbrunnen und Pegelrohre dienen, ist es erwünscht, lockeren, feinen Sand zu schütten, so daß der Raum in dem Boden wieder angefüllt wird. In Ton-, Lehm- oder Moorschichten muß sehr feiner Sand mit vielem Schlamm geschüttet werden, um eine völlige Dichtung zu erzielen.

§ 43. Die Messung des Wasserstandes.

Ansicht   *Durchschnitt*

Diese erfolgt am besten nach dem Gehör mit einer Pegelglocke an einer Metallkette, wie es in Fig. 1 angegeben wurde.

§ 44. Die Wasserentnahme.

Dazu kann eine Pumpe dienen, welche regelmäßig funktioniert und von einem Motor oder einer Dampfmaschine getrieben wird. Wie schon bemerkt,

Fig. 1.

genügt es für artesische Brunnen, wenn man das Wasser frei ausströmen läßt.

Die dem Brunnen entnommene Wassermenge wird am besten mit einem Wassermesser gemessen.

§ 45. Die Beobachtungen.

Diese bestehen in dem Ablesen am Wassermesser und in dem Messen des Wasserstandes. Dabei ist immer der Zeitpunkt genau zu bestimmen.

Der Wassermesser gibt in der Regel die Wassermenge an, welche im ganzen hindurchströmt. Für die Beobachtung fängt man mit dem Ablesen am Wassermesser an, danach werden alle Wasserstände gemessen und schließlich der Wassermesser noch einmal abgelesen. Weil die Zeitpunkte der Ablesungen aufgenommen sind, ist die Leistung pro Zeiteinheit berechnet.

§ 46. Zweck des Versuchs.

Es sind der Koeffizient der Potentialveränderung a, also der Quotient der Potentialabnahme oder der Steighöhe und das Wasservolumen, das pro Zeiteinheit entnommen wurde, zu ermitteln.

§ 47. Die Ermittlung des Koeffizienten der Potentialveränderung.

Es würde genügen, die Steighöhe in allen Beobachtungsrohren zu messen, danach eine zu messende Wassermenge pro

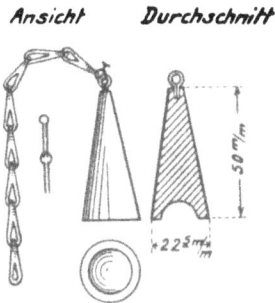

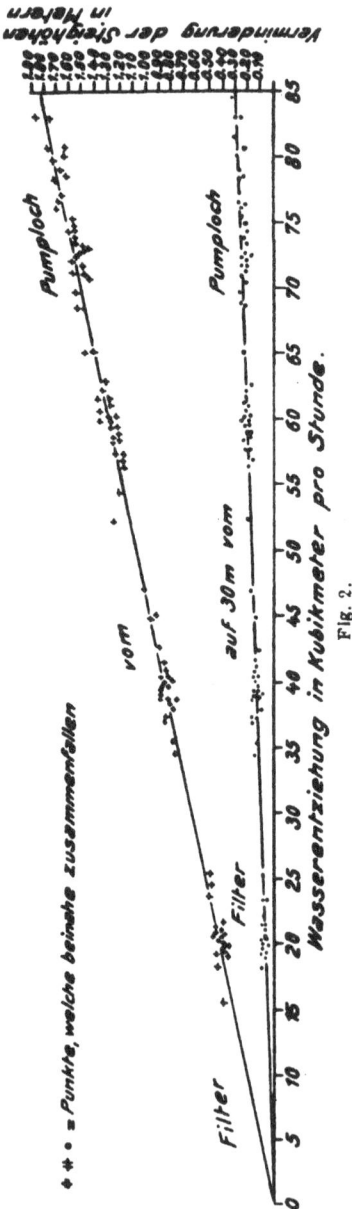

Fig. 2.

Stunde zu entnehmen und dabei wieder die Steighöhe zu messen. Es emp-
fiehlt sich aber, Fehler beseitigen zu
können und im Zusammenhang mit
dem, was in § 48 unten besprochen
wird, während der Hebung ver-
schiedener Wassermengen pro Zeiteinheit viele Beobachtungen zu machen. Dann verfährt man wie es in
Fig. 2 angegeben wird (diese Figur
bezieht sich auf die Beobachtungen
bei einem unter meiner Leitung bei
Suameer ausgeführten Pumpversuch). Für jedes Filter wird durch
die Punkte eine gerade Linie ge-
zogen und die Tangenten des Win-
kels, welche die Linien zu der hori-
zontalen Achse machen, sind die
Koeffizienten der Potentialveränderung, multipliziert mit einem gewissen Faktor, der von dem Verhältnis der Koordinatenskala in der
Zeichnung abhängt.

§ 48. Einfluß der natürlichen Schwankungen der Steighöhe.

Die Steighöhe des Grundwassers
erfährt fortwährend Veränderungen.
Daher ist es erwünscht, den Pumpversuch wie folgt zu machen.

Die Wasserstände in allen Pegelrohren werden vor dem Anfang der
Wasserentnahme gemessen, dann
nacheinander bei z. B. ¼, ½, ¾
und 0 mal die Maximalwasserförder-
menge. Dies wird viele Male wieder-
holt. Für jedes Filter werden die
Wasserstände bei den Zeitpunkten
abgesteckt, wie es in Fig. 3 angegeben

wird. Eine (meistens schwach gebogene) Linie durch die höchsten
Punkte (bei der Wasserfördermenge 0) gibt die natürliche Steig-

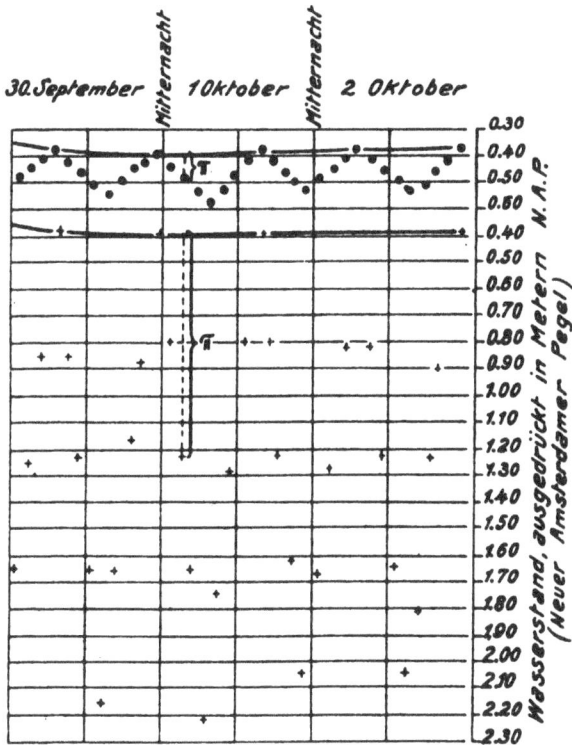

Natürliche Steighöhe des Grundwassers (die unterste
Linie vom Pumploch, die oberste des Filters auf 80 m
vom Pumploch.)

+ ● Wasserstände in den Pegelrohren während des Pumpversuches.

π Verminderung der Steighöhe innerhalb eines gewissen
Zeitabschnittes.

Fig. 3.

höhe in jedem Augenblick. In Fig. 3 wird angegeben, wie man die
Abnahme der Steighöhe π findet. Die also gefundenen Werte
von π werden abgesteckt, wie es in Fig. 2 angegeben wird.

§ 49. Merkmale der Unveränderlichkeit der phreatischen Oberfläche.

Wenn die phreatische Oberfläche veränderlich ist, ordnen sich die Punkte in Fig. 2 nicht um gerade, sondern um gekrümmte Linien, deren konvexe Seite nach oben gewendet ist.

Bei veränderlicher phreatischer Oberfläche müssen die Linien in Fig. 3, die der natürlichen Steighöhe genannt, verschieden sein, und zwar so, daß die für das Filter des Versuchsbrunnens nach rechts in der Figur in bezug auf die anderen immer fällt. Finden sich in Fig. 2 gerade Linien und in Fig. 3 nahezu parallel laufende gekrümmte Linien, so ist die phreatische Oberfläche tatsächlich unveränderlich.

Kapitel V.

Grundwasserförderung bei veränderlicher phreatischer Oberfläche.

§ 50. Der Koeffizient der Potentialveränderung.

In § 24 ist schon bemerkt worden, daß die Veränderungen der phreatischen Oberfläche durch die Wasserentnahme herbeigeführt werden können, aber auch durch andere Einflüsse.

Weil sich infolge der Wasserentnahme die phreatische Oberfläche Φ verändert und damit die Begrenzung der Grundwassermenge, so gilt nicht die in § 31 besprochene Eigenschaft, daß das Verhältnis $\alpha = \dfrac{\pi}{Q}$ eine konstante Zahl ist. Bei veränderlicher phreatischer Oberfläche kann denn auch nur dann wesentlich von einem Koeffizienten der Potentialveränderung die Rede sein, wenn dabei angegeben wird, bei welcher Gestalt der Gleichung diese gilt.

Wenn der Wert der Potentialveränderung (im allgemeinen π, aber M in der Unterbrechung O genannt) sehr klein ist, so ist auch die Veränderung von Φ sehr gering. Für jeden Stand der phreatischen Oberfläche kann also ein Koeffizient der Potentialveränderung im allgemeinen

$$\beta = \frac{d\pi}{dQ} \quad \cdot \quad \cdot \quad \cdot \quad \cdot \quad \cdot \quad \cdot \quad (43)$$

und in der Unterbrechung

$$\beta = \frac{d M}{d Q} \quad \cdots \quad \cdots \quad (44)$$

angenommen werden.

§ 51. Der einfachste Fall der Wasserentnahme.

Man kann sich den Fall denken, daß sich das Grundwasser in einer homogenen Sandmasse befindet, welche auf einer undurchlässigen Schicht ruht, deren obere Grenze eine horizontale Ebene ist. Diese Ebene nun ist $\Psi(x, y, z) = 0$ (s. § 16). Die phreatische Oberfläche $\Phi(x, y, z) = 0$ hat nur schwache gebogene Neigungen und kann als eine horizontale Ebene betrachtet werden. Die senkrechte Entfernung zwischen Ψ und Φ wird ε genannt werden.

§ 52. Gestalt der Veränderung der phreatischen Oberfläche.

Es läßt sich leicht ableiten, daß β in Formel (43) im umgekehrtem Verhältnis zu ε steht. Es kann also ein Koeffizient der Potentialveränderung pro Einheit der Wasserhöhe $b = \varepsilon \beta$ eingeführt werden. Man kann also schreiben:

$$\frac{d Q}{d M} = \frac{\varepsilon}{b_b} \quad \cdots \quad \cdots \quad (45)$$

und

$$b_J = \varepsilon \frac{d M}{d Q} \quad \cdots \quad \cdots \quad (46)$$

Durch Wasserentnahme sinkt die phraetische Oberfläche, und zwar am stärksten nahe bei der Unterbrechung, worin diese Entnahme erfolgt. Das Fallen der phreatischen Oberfläche und die Höhenabnahme des Grundwassers in dem in § 51 besprochenen Fall ist also nicht überall gleich groß. Wenn die Veränderung der phreatischen Oberfläche eine Folge einer natürlichen Ursache ist oder einer Wasserentnahme in einer anderen Unterbrechung, so ist Formel (46) denn auch nahezu richtig. Wo das Fallen eine Folge der Wasserentnahme in der betreffenden Unterbrechung ist, da ist in der Nähe dieser Unterbrechung die Wasserhöhenabnahme am größten. In Anbetracht dieser Abnahme ist Formel (46) nicht richtig, und zwar dadurch, daß dann b_J größer ist, je nachdem $\frac{d M}{d Q}$ größer ist, und je nachdem ε kleiner ist.

§ 53. Annähernde Lösung.

Wenn man annimmt, was in dem in § 51 beschriebenen Fall richtig·ist, daß die Sinkung von Φ bei der Unterbrechung ebenso groß ist wie die Abnahme der Potentiale M, so kann für dM geschrieben werden $- dp$, d. h. das Potentialgefälle, und wenn die Höhenlage von Ψ ist H, so ist:

$$\varepsilon = p - H \quad \ldots \ldots \ldots \quad (47)$$

Dann ist der absolute Wert von β_b:

$$b_f = (p - H) \frac{dp}{dQ} \quad \ldots \quad \ldots \ldots \quad (48)$$

Wenn diese Gleichung als richtig angenommen wird (tatsächlich ist dies nicht der Fall, s. § 52), so kann man auch schreiben:

$$b_f = (p_0 - H) \frac{p_0 - p_1}{Q} \quad \ldots \ldots \ldots \quad (49)$$

Dieser Wert von b_f gilt dann für eine Höhe der phreatischen Oberfläche, welche mit p_1 übereinstimmt.

Auf diese Weise kann aus einem Pumpversuch für eine gewisse Höhe p der phreatischen Oberfläche b_f abgeleitet werden. Dasselbe kann durch Pegelrohre in einer gewissen Entfernung von dem Pumpbrunnen für b_λ geschehen.

Nach dem in Kapitel III besprochenen Verfahren kann nun die Leistung einer Wasserförderstelle pro Einheit der Wasserhöhe c mit Hilfe der aus einem Pumpversuch abgeleiteten Koeffizienten b_f und b_λ für einen bestimmten Stand der phreatischen Oberfläche berechnet werden. Es lassen sich also die Länge der Wasserfassungsanlage und die erwünschten gegenseitigen Entfernungen der Brunnen berechnen.

Dann wird sich ein gewisser Wert der Leistung c finden. Wenn der zu erwartende natürliche Wasserstand p_0 sein wird und die Brunnen bis an das Niveau p_1 abgepumpt werden, so ist die Wasserfördermenge pro Zeiteinheit:

$$Q = c (p_0 - p_1) (p_1 - H) \quad \ldots \ldots \quad (50)$$

Darin muß für p_0 der niedrigste natürliche Wasserstand, der erwartet werden kann, substituiert werden.

Wie oben abgeleitet wurde, werden, wenn bei dem Pumpversuch p_0 und p_1 größer sind als bei der Wasserförderung, die also berechneten Leistungen und auch die Wasserfördermenge Q zu klein sein. Es gibt also eine gewisse Sicherheitsmarge in der Berechnung.

§ 54. Die Verhältnisse, wie sie in der Regel auftreten.

Tatsächlich ist das Filter meistens viel kürzer als in § 51 angegeben wurde. Der Fall der phreatischen Oberfläche ist infolgedessen geringer als die Potentialabnahme in den Brunnen. Weiter würde ein Fall der phreatischen Oberfläche, also eine Abnahme der Wasserhöhe noch weniger Einfluß gewinnen.

Je nachdem das Filter des Brunnens kürzer ist und besonders je nachdem es weiter von der phreatischen Oberfläche entfernt bleibt, ist der Einfluß der Veränderlichkeit der phreatischen Oberfläche denn auch geringer.

Es entsteht also dann ein Übergang in den Zustand der unveränderten phreatischen Oberfläche.

§ 55. Der Pumpversuch.

Der Pumpversuch muß bei veränderlicher phreatischer Oberfläche einige Zeit dauern, weil die Veränderung der phreatischen Oberfläche nicht sofort eintritt. Je feiner die Bodenschichten sind, um so länger muß der Pumpversuch dauern.

Je weiter offene Gewässer entfernt sind, desto länger muß auch der Versuch dauern. In vielen Fällen ist der Versuch während einiger Monate fortzusetzen. Man hat dafür zu sorgen, daß das aufgepumpte Wasser weit abgeführt wird.

Bei dem Pumpversuch könnte man der Wasserentnahme pro Zeiteinheit verschiedene Werte geben. Dies geschieht in der Regel nicht, weil die Kosten durch die lange Dauer ohnehin schon groß sind.

§ 56. Wasserförderung durch einen Graben oder einen Sickerschlitz.

Die Wasserförderung mittels eines Grabens oder eines Sickerschlitzes ist im Grunde nicht anders als die mittels einer Reihe von Brunnen, die einander so nahe angeordnet sind, daß sie sich berühren. Die Ergebnisse eines mit einem Brunnen gemachten Pumpversuches können denn auch auf Gräben und Sickerschlitze angewendet werden.

Die Berechnung der Leistung hat dann für eine Brunnenreihe zu geschehen, welche eine Länge hat, die mit dem zu grabenden Fassungskörper übereinstimmt. Die gegenseitige Entfernung der Brunnen würde dann sehr gering werden und ihre Anzahl sehr groß. Die Anzahl Gleichungen von der Gestalt der Formel (38) würde so groß werden, daß die Berechnung praktisch unausführbar wäre.

Wie in § 36 bemerkt wurde, wird bald eine Grenze gefunden, wo eine kleinere gegenseitige Entfernung keine größere Leistung geben würde. Es genügt eine Berechnung für Brunnen in dieser gegenseitigen Entfernung.

Die Leistung für die Einheit der Wasserhöhe ist zu berechnen und danach wird Formel (51) angewendet.

www.ingramcontent.com/pod-product-compliance
Lightning Source LLC
Chambersburg PA
CBHW031457180326
41458CB00002B/809